U0520977

一本关于
我们的书

送给 _____

来自 _____

开始写这本书时

距离
我们相识

〰

I ALWAYS REMEMBER

之后发生过一件事

虽然它听起来
微不足道

但对我而言

我们第一次一起

是

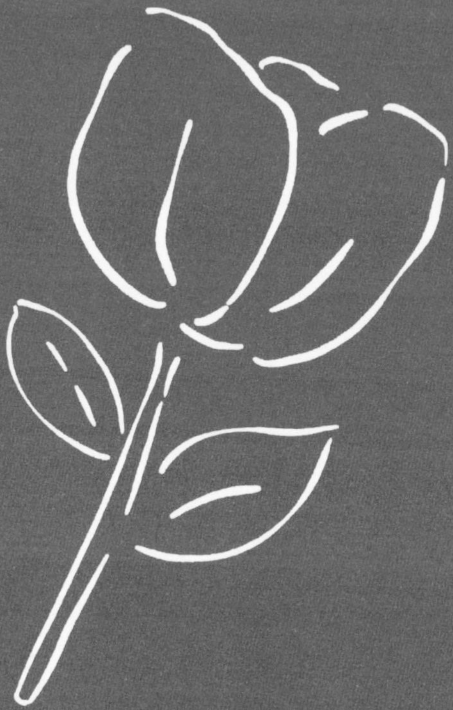

我一直相信
同频才能同行

虽然我们不一样的地方很多，
比如……

但核心频率一致，
比如……

我喜欢
这样的我们

如果说真正的故事，
都是从中间开始

那我们一定要记得
那件事

那是真正定义
"我们"的时刻

Our Moments

你曾经对我说

我会
永远记得

我也曾承诺

它们
永远有效

我们在一起时，
常常笑得特别大声

在所有缤纷又绚烂的色彩里
这一页的颜色
就是我眼中的你

在你的世界里，我又是什么颜色呢

有一次，你

谢谢你

我也曾为你

那是我

你

不客気

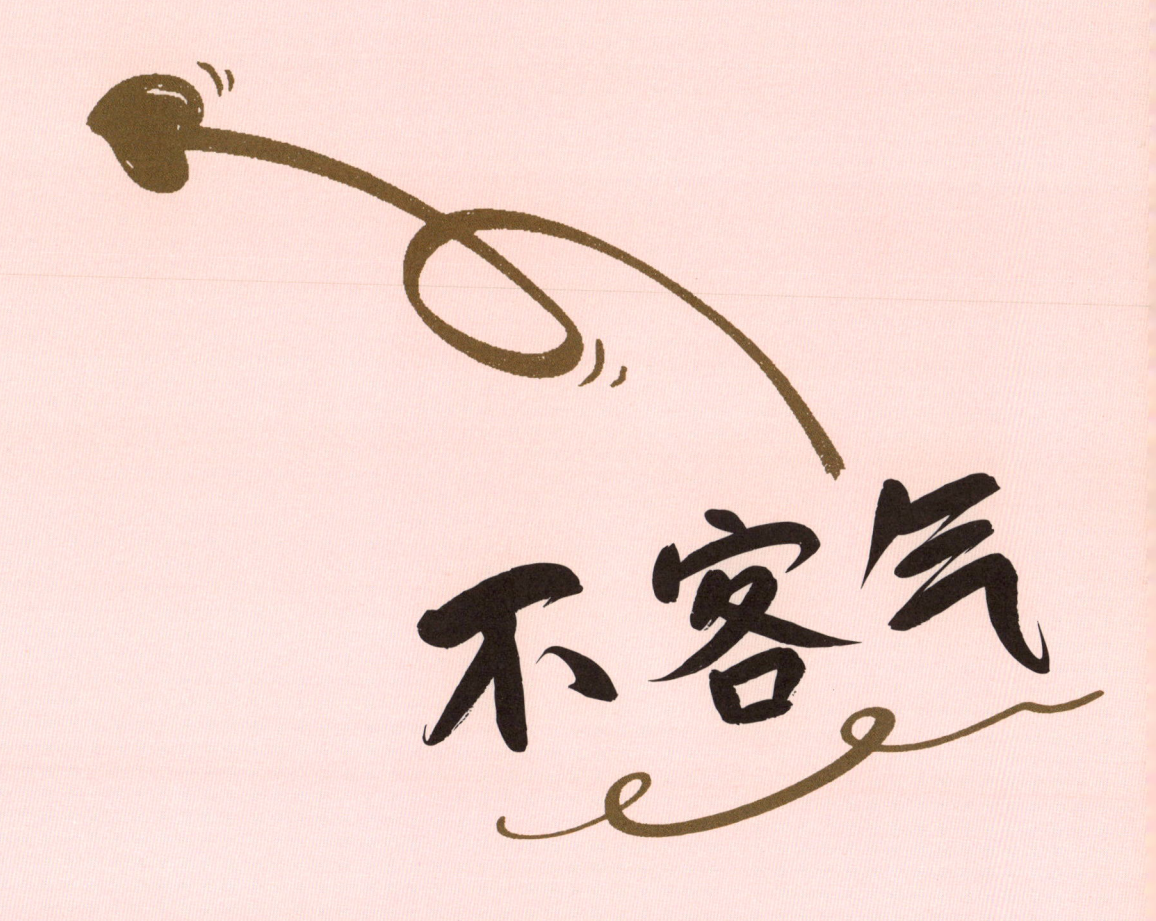

未经坎坷的
感情
是不牢固的

那一次

我们或许还会吵架10000次
但能和好10001次
因为
"你"

我

这真的很完美

我想给你

唱一支好听的歌

一生一起……

有一件事很了不起
就是我们共同完成了

太棒了!

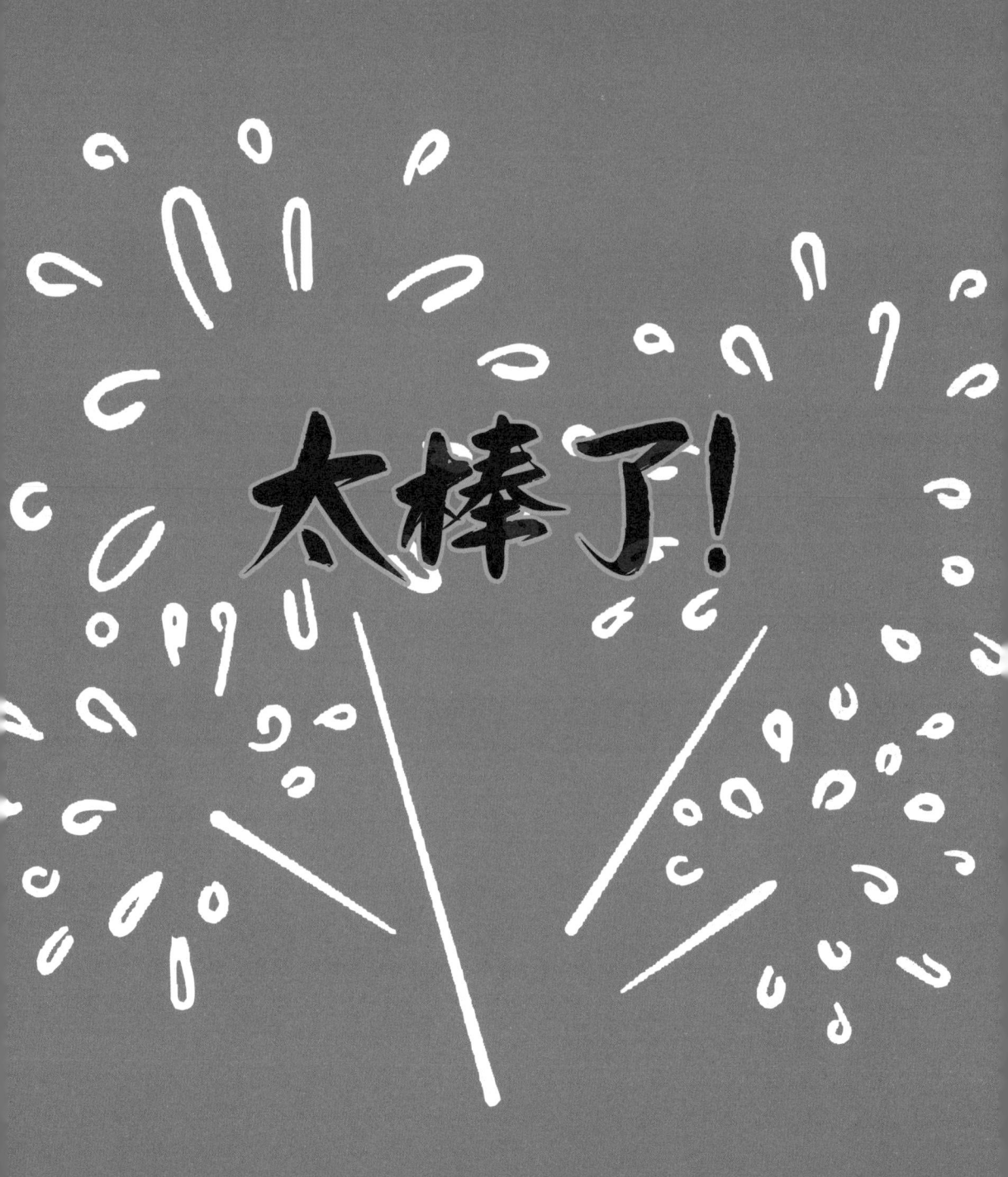

我相信如果有

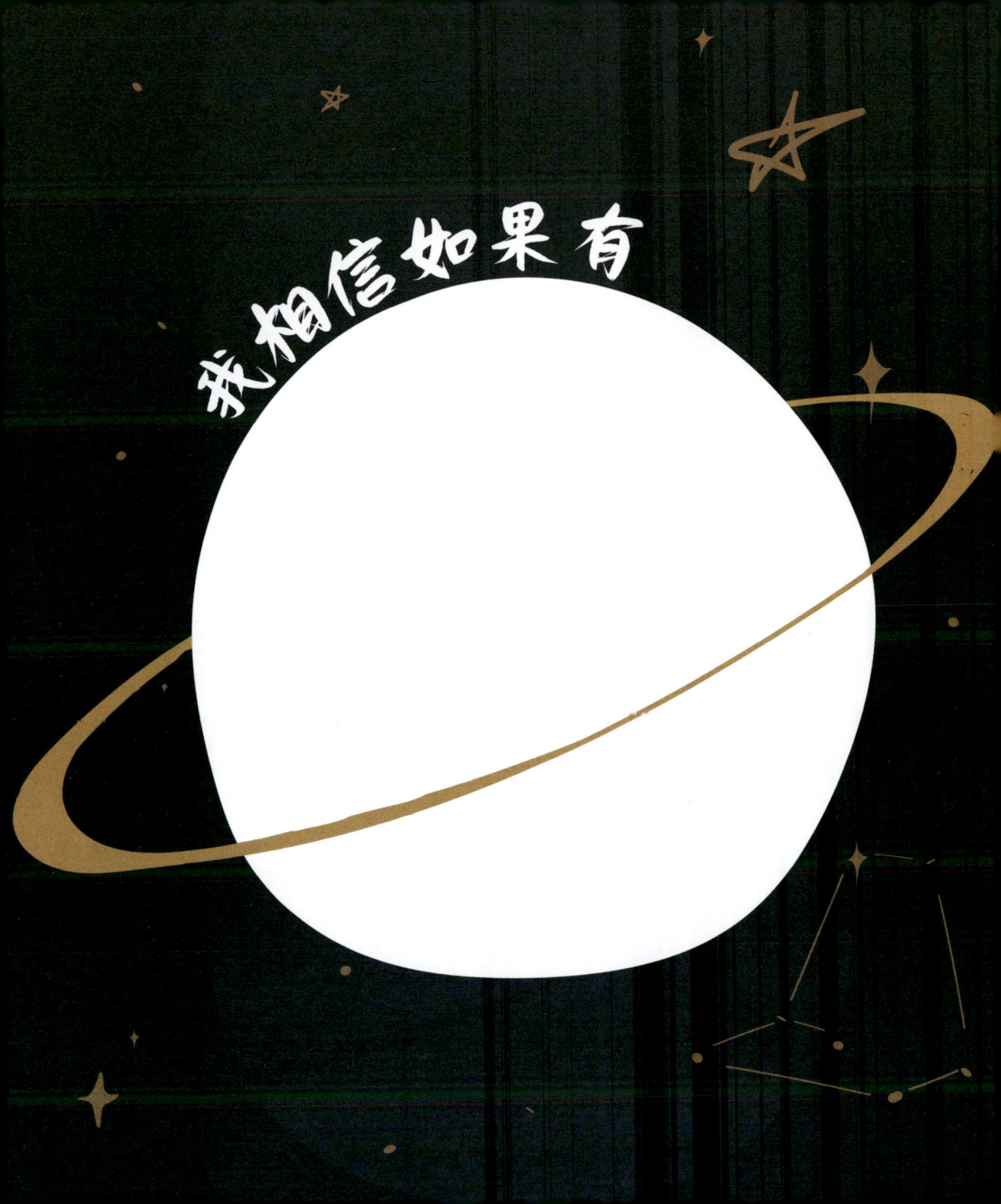

你和我加起来，
真的可以应对
整个世界

噢，有一点特别神奇

迄今为止，
我从未有过这种体验

这是
只存在于我们之间的
魔法

世间大部分人
都会觉得

但我不这么认为,
你也不这么认为

真好

当然，
世上不会有完全相同的两个人
比如你喜欢

而我

没关系，
只要你需要，我可以陪你一起

不求相同
但求兼容

我们在一起就是超赞的组合

如果我们有口号的话，应该是

如果我们有吉祥物的话，应该是

如果我们有应援色的话，应该是

这些也都是我们的本命

肯定会有一些人
觉得我们

○○○○○○

但是无所谓
我们就是我们

我最喜欢你
这些地方

我也曾问过你
最喜欢我什么

你说

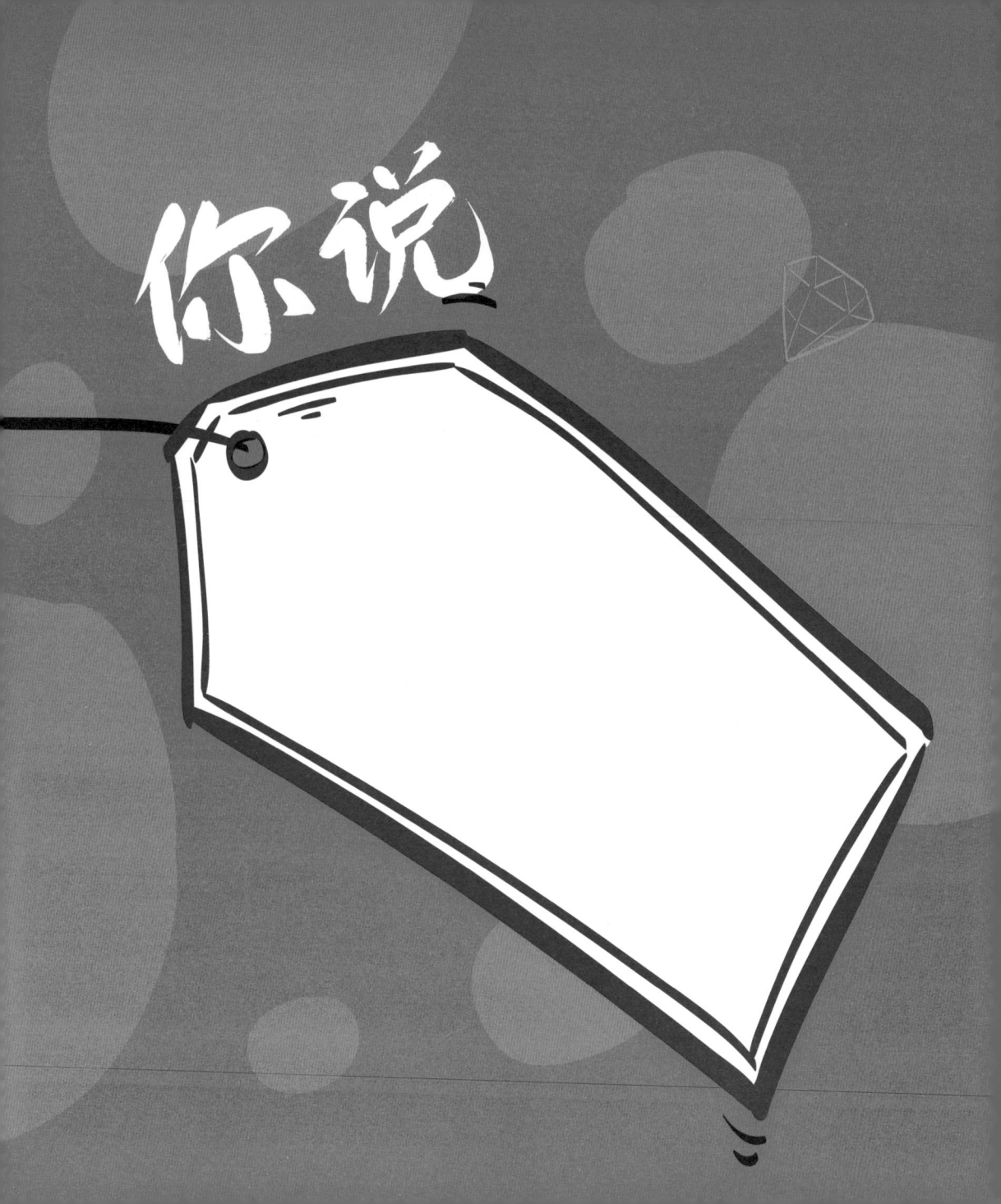

像小猫露出肚皮

#我们的脆弱只展示给彼此

你不觉得这很奇妙吗？

我一向

你一向

但是后来

我们都成了
彼此原则里的
例外

我们也有过很尴尬的时刻

04

哈哈！

你喜欢的

我们一起

我喜欢的

吧

还有很多事

我都想
跟你一起做

愛している/愛しています/愛しているよ/あなたのことが好きです
je t'aime　ผมรักคุณ phom rak
kocham cię　Aš tave myliu
Aku cinta kamu/Aku mencintaimu
I lov
Ti Amo
Jeg elsker deg
Eu te amo/Eu amo-te
Ljubim te/Rada te imam　ich liebe dich
Minä rakastan sinua　te
yes kezi seeroom yem　Nagligivaget
أنا أحبك　Miluje
chit pa de

eretlek

khoi huk chau

seni seviyorum

in

Ma armastan sind

e'g elska tig

te amo vos amo

aya Cinta Mu/Saya sayang awak

Я тебе кохаю/ja vas kokhaju

Я люблю тебя ya lyublyu tebya

you

Ik hou van je

Miluji tě

main tumse pyar karta hoon

jeg elsker dig

Te iubesc

Te quiero

นรักคุณ chan rak khun

ik zie u graag

akam

Es tevi mīlu

Bong salang oun

Σ'αγαπώ

t'a

Jag älskar dig

사랑해

你最喜欢说这样的话了

每次听完我都

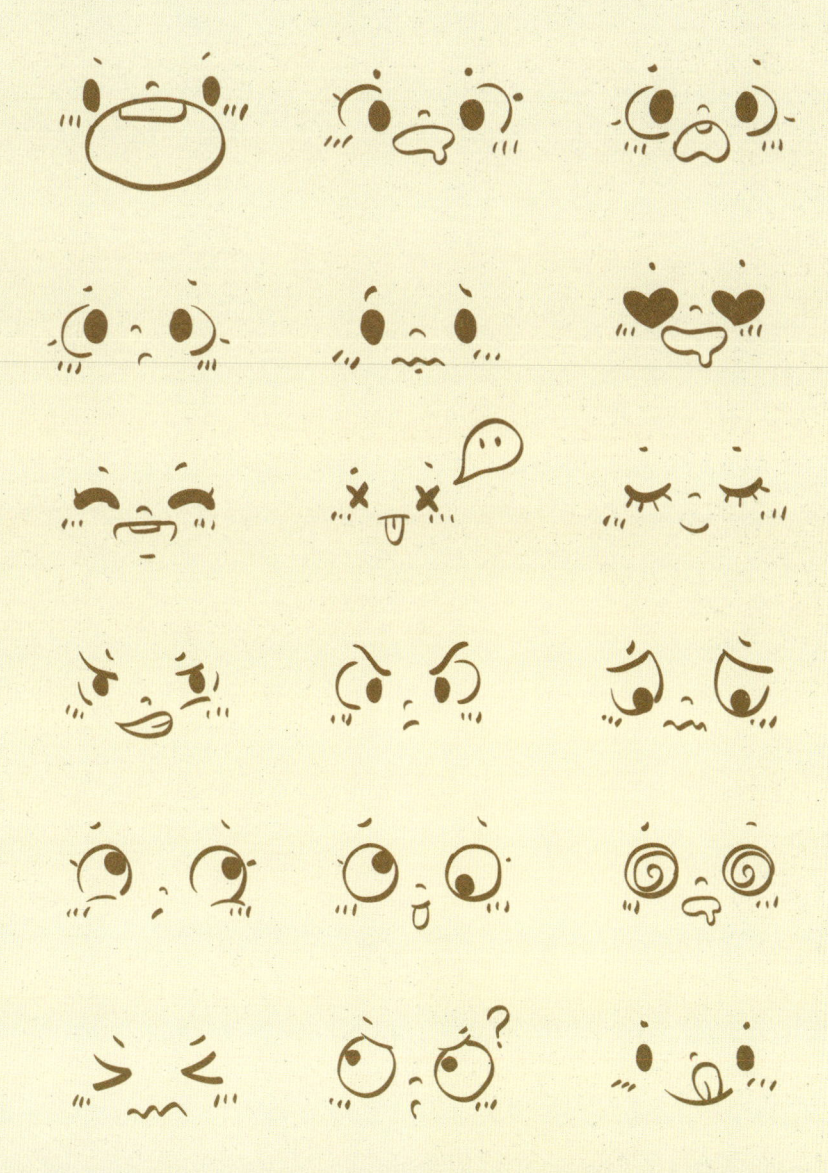

你最喜欢对我用这样的表情

我觉得

这些问题
我们还没有问过彼此
但听说,
它们可以增进感情

或许
我们可以聊一聊

- [ ] 给你一个任意的机会，你会选择和谁共进晚餐？
- [ ] 你想要成名吗？以什么方式？
- [ ] 打电话前，你会事先排演吗？为什么？
- [ ] 你心中一个完美的日子是怎样的？
- [ ] 你上次唱歌是什么时候？对自己还是对某人？
- [ ] 如果你可以活到90岁，而且身心都保持在30岁的状态，那这60年你想要怎么度过？
- [ ] 你人生中最感激的是什么？
- [ ] 如果可以改变你的成长过程，你想要改变什么？
- [ ] 你只有4分钟时间，但请在这4分钟内尽量详细地讲述你的人生故事。
- [ ] 如果你明天醒来时能得到一种新的能力或品质，你想要的是什么？
- [ ] 如果水晶球可以预测你的未来以及一切，你想要知道什么？
- [ ] 有没有什么是你梦寐以求的？但为什么没有做？
- [ ] 你人生中最大的成就是什么？
- [ ] 友谊中你最珍视的是什么？
- [ ] 你最珍贵和最糟糕的回忆分别是什么？
- [ ] 如果你知道你只有一年可以活了，你会改变你的生活方式吗？为什么？
- [ ] 对于你来说，友谊意味着什么？
- [ ] 爱与喜欢在你的人生中分别扮演什么角色？
- [ ] 轮流分享认为恋人应该具有的好品质。总共分享5个。
- [ ] 你的家庭亲密、温暖吗？你觉得你的童年是不是比其他人更幸福一些？你与母亲的关系怎样？
- [ ] 用"我们"做主语造3个句子。比如"我们都在这间屋子里……"
- [ ] 补全这个句子："我希望有人可以与我分享……"
- [ ] 如果我们要更亲密，对方最应该知道的事情是什么？请分享。
- [ ] 分享一件你人生中的囧事。
- [ ] 你上一次哭是什么时候？当着他人的面还是独自一人？
- [ ] 如果你今夜就会死去，而且没有机会和任何人说，你最遗憾的没有说出口的话是？为什么你还没有告诉他们？
- [ ] 分享一个私人困扰，向对方寻求解决建议，再询问对方对于这个问题的个人感受。
- [ ] 你的家着火了，而且你所有的东西都在里面。在救出你的爱人和宠物以后，你还有机会安全救出一样东西。你会救什么？为什么？

我们一定要遵守
这个约定：

不管未来

也不可以对对方

这是严肃到不能开玩笑的事

我们还要约定

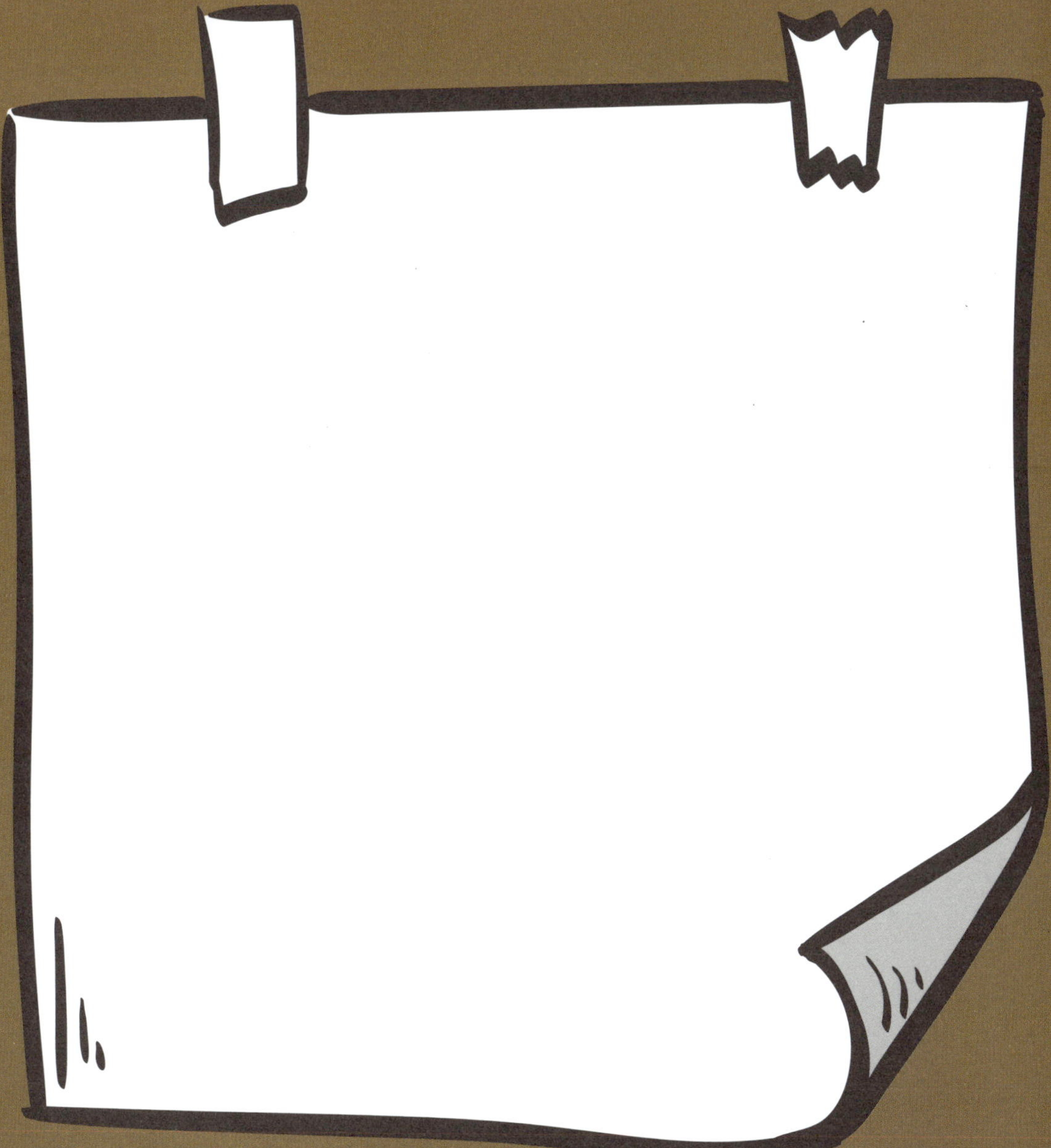

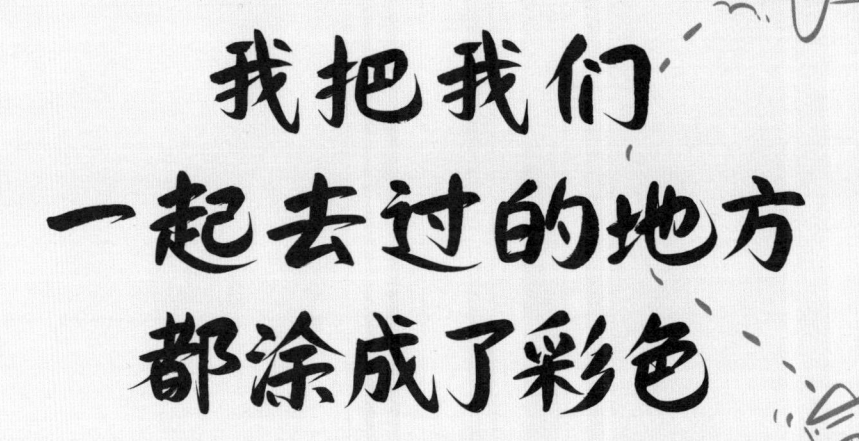

我把我们
一起去过的地方
都涂成了彩色

未来
我们还会一起去
很多地方

河北省　山西省　辽宁省　吉林省　黑龙江省

江苏省　浙江省　安徽省　福建省　江西省

山东省　河南省　湖北省　湖南省　广东省

海南省　四川省　贵州省　云南省　陕西省

甘肃省　青海省　内蒙古自治区

广西壮族自治区　西藏自治区

宁夏回族自治区　新疆维吾尔自治区

北京市　天津市　上海市　重庆市

香港特别行政区　澳门特别行政区

台湾省

我相信，是

让我们
聚在一起的

不然怎么会

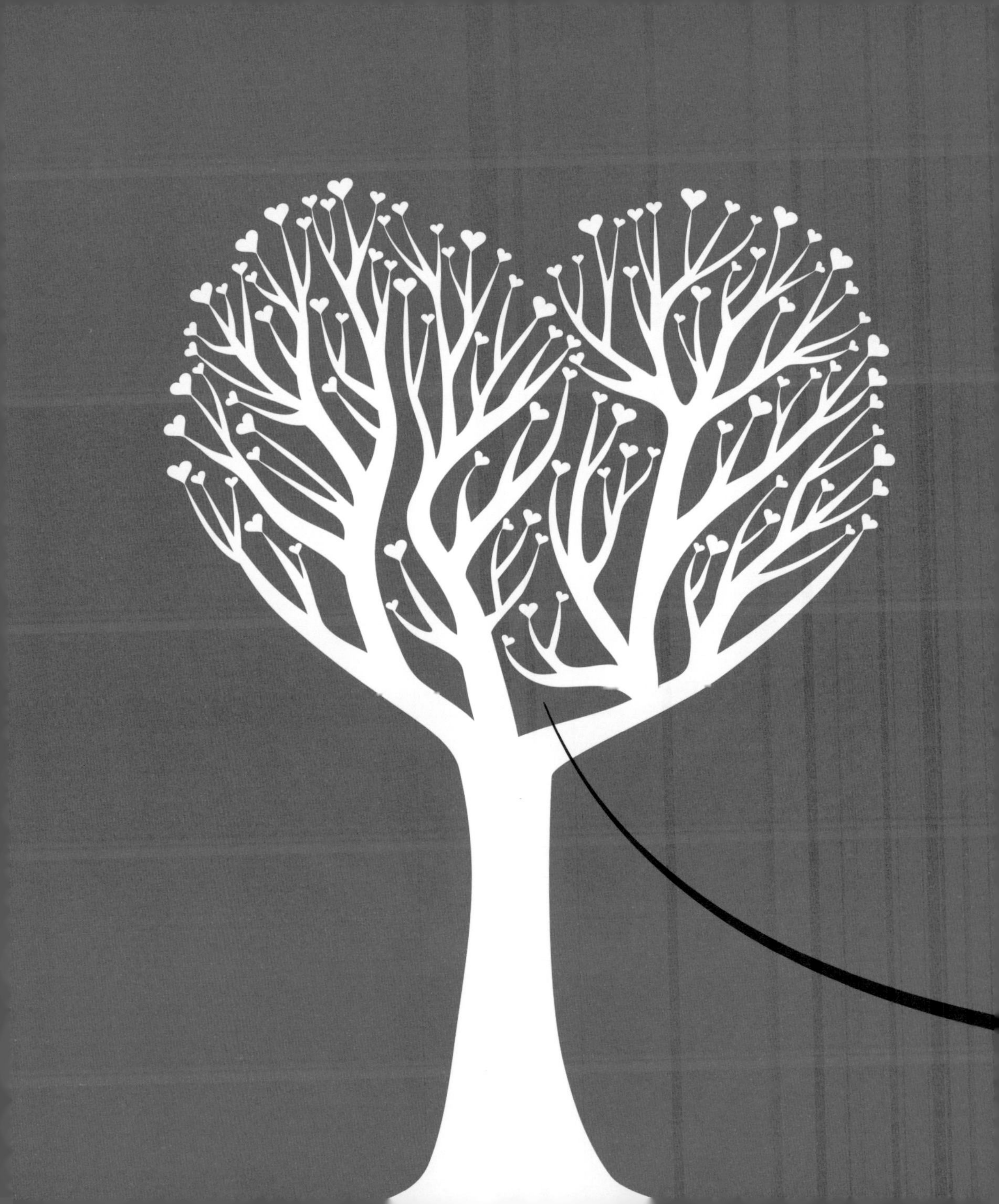

最雄浑的力量
是生长

我们一直在
共同向上

未来灿烂

我希望

写到这里

我想为我们这本书取名为八

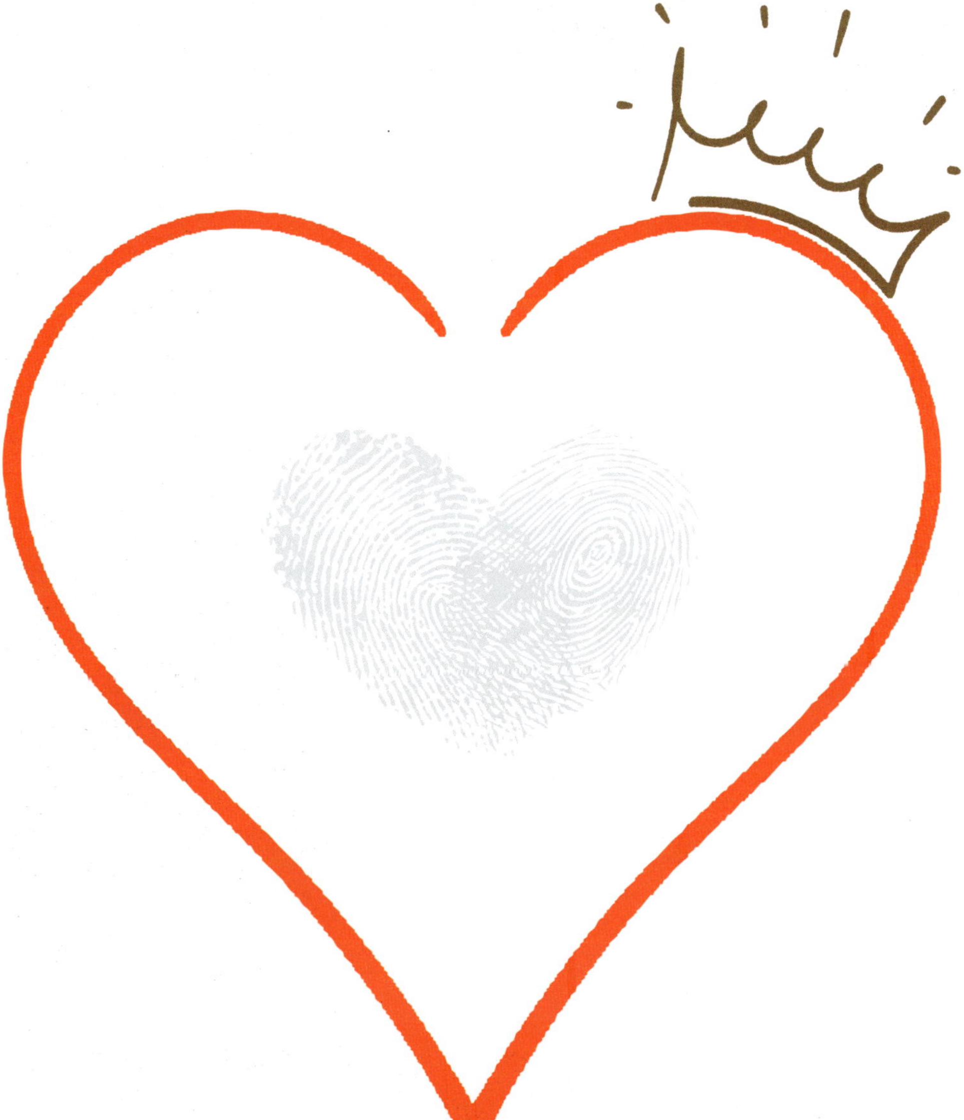

指纹不同
心意相融

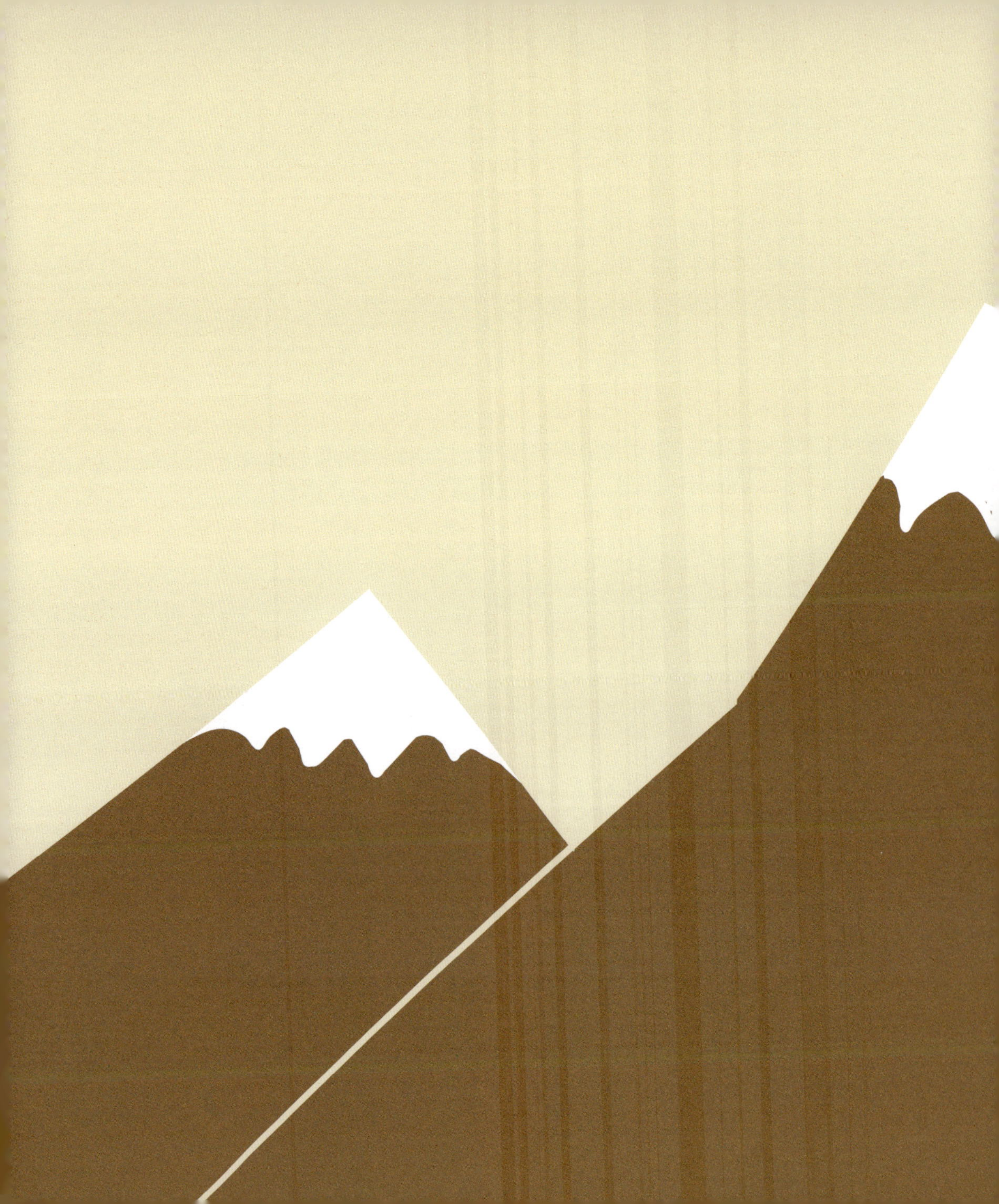

关于我们，
未完待续……

图书在版编目（CIP）数据

一本关于我们的书 / 李晔著. -- 南京：江苏凤凰文艺出版社, 2024.9. -- ISBN 978-7-5594-8873-2

Ⅰ. B821-49

中国国家版本馆 CIP 数据核字第 20242Z4W45 号

一本关于我们的书

李晔 著

责任编辑	项雷达	
特约编辑	冯婉灵　赵哲安	
装帧设计	卷帙设计 QQ 2649686699	
责任印制	杨　丹	
出版发行	江苏凤凰文艺出版社	
	南京市中央路 165 号，邮编：210009	
网　址	http://www.jswenyi.com	
印　刷	天津旭丰源印刷有限公司	
开　本	889 毫米 × 1194 毫米　1/24	
印　张	4	
字　数	67 千字	
版　次	2024 年 9 月第 1 版	
印　次	2024 年 9 月第 1 次印刷	
书　号	ISBN 978-7-5594-8873-2	
定　价	49.80 元	

江苏凤凰文艺版图书凡印刷、装订错误，可向出版社调换，联系电话 025-83280257